美术基础教学阶梯训练 **色彩篇** 芦瑛 著 湖北美术出版社

阶梯训练系列
Stairs

美术高考色彩 题型图解

目 录

一、2006 年清华大学美术学院色彩静物写生（全国统一考题）

试题内容

一捆芹菜放在塑料袋内，一把椅子，一块乳白色衬布，矿泉水瓶，一个白纸杯，六个橘子。

试题解析

这是一组难度相对较大的静物写生，光源为顶侧光。对塑料制品、蔬菜和椅子的刻画是最主要的难点。首先要抓住画面的总气氛，从构图到色彩塑造要进行适当的加强和减弱，处理好各色相之间的关系。例如：芹菜的表现要概括，注意它在画面中的特殊位置（既在后，又靠上），颜色要考虑它与椅子的冷暖对比。区别好塑料制品的不同质感的表现，以及远近的空间处理，避免色彩上的雷同，更不能与纸杯、白衬布的颜色混淆在一块。

写生步骤

1.定位：根据选定的位置，写生前要对实物进行目测，先比较整个物体在画面的高宽比例，然后决定横竖构图，再将物体理解成简单的不同方形（几何形）。

2.确定光源：依据光源方向，找出明暗交界线和投影的位置。如果光线比较弱和散，要看投影倒向来确定光源。

3.确定色调：通过对实物色彩的感受和理解，确定画面色彩的总趋向（色调），各色相间的关系，铺出大体色块。

4.铺出色块：铺色块要从色相由深到浅，从物体暗部开始。

5.统一暗部：在铺物体暗部的同时，连投影一起画。

6.色相区别：区别同一色相和不同色相的明暗变化。

7.冷暖关系：分辨色相与色相之间和色相本身的冷暖变化。

8.深入阶段：在明确色彩关系后，要有主有次、有强有弱、有实有虚地进行塑造。

9.具体刻画：将物体细节有选择地进行刻画。

10.反复调整：做到既有变化又有统一，包括质感效果。

局部分析-1

1-1 构图中适当进行色块面积调整(对比),但要考虑六个橘子的聚散、疏密、远近、朝向所影响到的色相变化。

1-2 白衬布面积大,又属冷色,它与橘子、椅子形成较强的冷暖对比。

1-3 由于桌面的物体占据试题很大分量,是整个卷面的中心,灵活的笔触,用色的薄厚、干湿,是处理物体主次、虚实、强弱的关键。

1-1

1-2

1-3

局部分析-2

2-1 把橘子和纸杯理解成简单的基本形(方形)。

2-2 从较深物体入手,铺出橘子、芹菜的暗部色和背景色。

2-3 将纸杯的背光部与橘子和周围环境联系起来观察,判断出纸杯的暗部色和橘子的亮部色。

2-4 通过光源色的影响,分析出纸杯的亮部和周围色的关系。

2-5 区别白衬布的前后冷暖变化与纸杯的色相差异。

2-6 根据受光面和背光面的变化,点缀出纸杯上的图案。

2-7 进一步刻画物体的细节,点出橘子高光。

2-8 经过调整,完善物体的质感效果。

2-1

2-2

2-3

2-4

2-5

2-6

2-7

2-8

局部分析-3

3-1 构图确定后，先从芹菜茎画起，再画芹菜叶的暗部和椅子背。

3-2 要归纳好芹菜茎和叶的暗部色。

3-3 芹菜不能一根根、一叶叶数着画，要抓住芹菜的主要结构特征。

3-4 芹菜和椅子背的冷暖对比强，属对比色。其次要控制好芹菜的纯度，避免生绿。

3-5 芹菜、椅子背与周围关系要比较着画，以便协调好几块颜色关系。

3-6 通过对芹菜的感受，用简单、多变的笔触表现。

3-7 先画芹菜，后画塑料袋。

3-8 塑料袋跟着芹菜的形走，两个形要衔接好。

3-9 运用好冷暖的节奏变化，即：塑料袋冷，芹菜暖，椅子背更暖。

3-10 塑料袋里芹菜要简练、概括，塑料袋用色薄厚适宜。

3-11 芹菜叶要连成大中小块，以防画碎、画乱。

3-12 芹菜、塑料袋表现再充分，切不可忘记桌面上的物体，要分清主次关系。

3-13 在理解和认识的基础上，多从色彩感受出发，要相信自己的感觉，刻画好塑料袋和芹菜的质感。

二、2006 年山东艺术学院色彩静物默写(提供黑白照片)

试题内容

淡黄色衬布,钴蓝色方格衬布间隔黑白条纹,深褐色陶罐一个,两个白色鸡蛋,玻璃杯内橘黄色橙汁,一个橘子,白色瓷盘内放有紫色葡萄。

写生步骤

1.选用明度较低的色相(熟褐)起稿,确定上下、左右位置。

2. 将陶罐、白瓷盘等物体理解成各种方形。

试题解析

考生应根据所提供的图片及文字提示中各物体色彩元素答题,不允许改变图片的构图样式和光源效果,不准随意添加或减少任何物体以及与画面不相关的色彩与色块。试题属半默写(色彩)半临摹(素描),以大面积淡黄色衬布和深褐色陶罐组成了暖色调的画面。难点是葡萄色相的确定、葡萄的画法、蓝色方格衬布的处理、鸡蛋明度控制,其他物体按常规表现。

3.用色要干,执笔侧锋,以点代线,以线代面,从方中取圆。

4.画出明暗交界线,用浓重色(熟褐)加强物体暗部外轮廓线和投影。

局部分析-1

1-1 把主体物拉近看暗部,暗部色通常是物体的基本色相(固有色)加深变暖。

1-2 在暗部色右侧画上亮部色,亮部色通常是物体的基本色相(固有色)加光源色。

5.再用浓淡不同褐色(加水)统一物体的暗部,分出明暗两大关系。

6.铺出陶罐、葡萄、蓝色衬布的暗部和亮部色,不要急于画蓝色衬布方格,先确定衬布的基本色。

1-3 画淡黄色衬布时,要分清它是处在两个不同面上,一个是竖面,一个是横面,竖面是侧受光,横面是直受光。

1-4 再把主体物拉近看投影色(在暗部色左下侧),投影色通常是衬布的背光处加深变暖。

7.深入刻画陶罐、葡萄、玻璃杯。

局部分析-2

2-1 用色前,先用单色画出明暗关系。

2-2 先确定陶罐的色相(固有色)。固有色就是指物体在正常的光线下本身所固有的颜色。

2-3 色相确定后,画出明暗交界线,再从明暗交界线向左画出背光部(暗部),向右画出受光部(亮部)。

2-4 如果第一步的固有色画准确了,就不必再画灰部。

2-5 光源色倾向越是明显,受光部色彩所受的影响就越大。

2-6 陶罐受到橘子反射作用的影响而引起背光部的色彩变化,这一变化通常指"反光"。

2-7 反光色虽没有光源色那么强,但它引起物体色彩变化是复杂的,也能改变物体的固有色。

8.与照片相比,有意识减弱淡黄衬布背景的褶纹变化。

9.在含灰色为主的卷面,局部运用鲜明的橘黄色,使橘子色很醒目,灰色调更显得明确。

10.恰当灵活地运用橘黄色与钴蓝色的色彩对比,可达到用色少而色彩丰富的效果。

11.色彩的配合既要有对比,又要有调和。色彩搭配得当,才能给人以美感。

局部分析-3

3-1 构图时,把玻璃杯分解成倒立的圆锥体和方形的杯座,这样既可以理解结构,又能画准形。

3-2 按明度高低,画出陶罐和钴蓝色衬布。

3-3 铺色块,将物体之间的关系画出来,表现出整体效果。

3-4 铺出衬布的钴蓝色,颜色要单纯明确,不要变化太多。

3-8 随着褶纹起伏变化画上黑白条纹。

3-5 再适当加强些亮部,使光感更强烈。

3-6 根据褶纹方向,用笔要平行排列。

3-7 笔触随意,褶纹变化自然。

局部分析-4

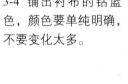

3-9 画玻璃杯(除橙汁)先铺出色块,杯柱和杯底等画完衬布后再表现,这样,玻璃杯质感效果好。

3-10 鸡蛋要控制好明度,不要画得过深。

4-1 用褐色起稿,画出明暗。

4-2 确定葡萄的色相,用深紫红色画暗部。

4-3 逐渐向亮部过渡,提亮变冷。

4-4 分清白瓷盘在淡黄衬布的投影色和葡萄在白瓷盘的投影色,以免混淆或重复。

Lu Ying/2006.6.7.

Stairs

三、2006 年天津美术学院色彩写生(青岛考点)

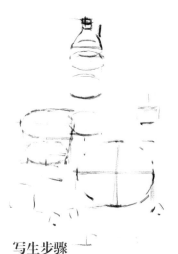

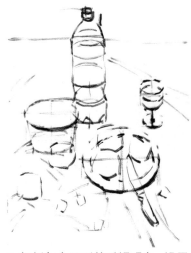

写生步骤

试题内容

大瓶装可口可乐,康师傅碗面,玻璃杯内可乐汁,五个橘子,白瓷盘放置一把餐刀,四个小西红柿,一块黄衬布。

1.以宽度为单位与高进行比较,目测出高宽比例,将每个物体定位、概括为方形,从方形中取出圆形透视。

2. 解析每个圆形的透视现象,设置物体的基本形。

3.确定光源方向,找出明暗交界线和投影。

4.抓住对色彩的第一感受,不要局部刻画,铺出大色块。

试题解析

这个角度适合俯视构图,卷面物体透视感强,视觉冲击力大。衬布单纯,与卷面物体比较容易协调,色彩气氛活跃,色调倾向于暖色。比较难处理的物体是方便面、餐刀和可乐瓶上的商标,在写生中,需要特别留意的问题。

5.由深到浅进行,可以做简单的明暗分析。

6.不要孤立地画一块颜色,应考虑与周围物体或环境色的影响。

7.认真比较碗面、可乐瓶商标、橘子三大块红色的明度、冷暖的不同。

8.分析出物体最深的位置(可乐瓶)、最亮的位置(白瓷盘)、最灰的位置(黄衬布)。

9.再找出最纯的位置(橘子)、最冷的位置(白瓷盘)、最暖的位置(橘子),其余物体渐变。
10.在暖色中也会有偏冷的多种层次,碗面的暖色比橘子冷,黄衬布的暖色又比方便面冷。
11.黄衬布是整个画面的主色调,又处在两个不同方向(横面和竖面),就出现明度和冷暖变化。

局部分析-1

1-1 在圆形透视中,竖中线不变,左右对称,横中线发生变化,前半圆边线离横中线远(圆弧大),后半圆边线离横中线近(圆弧小)。

1-2 铺大色块,调色要准确,铺色要胆大。

1-3 同周围衬布一起画,先画远处(深一暖),后画近处(浅一冷)。

1-4 切勿把橘子画光滑,要用色块概括,表现出橘子的朝向、动势。

1-5 同一色相橘子存在许多变化,处理不当就会出现雷同。

1-6 作画程序要对,过程要严格、规范,次要位置暂空着,主要地方填满。

1-7 画前面衬布时先要将周围物体的外形和投影处理好,注意边缘的虚实变化。

1-8 找出物体的细微变化,使其更加深入。

局部分析-2

2-1 在方形中,再分出方形。

2-2 可乐汁用褐黑色(普蓝加红)画下部位,继续加红画上部位,颜色不要调匀、画匀。

2-3 在玻璃杯透明处用青色画出杯形。

2-4 点出杯口和杯底高光。

1-1

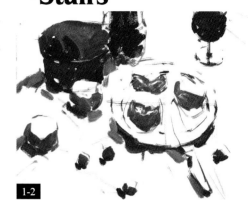
1-2

1-3

1-4

1-5

1-6

1-7

1-8

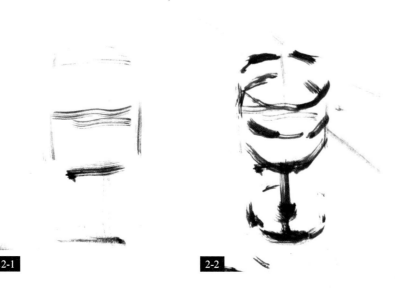
2-1

2-2

2-3

2-4

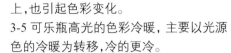

局部分析-3

3-1 三个物体均处在视平线以下，圆口越往下越大。

3-2 可乐瓶占据分量最重，明度最低。

3-3 可乐瓶的底部反光(环境色)虽没有那么强，但它引起色彩变化却是复杂的。

3-4 一块黄色衬布，但它处在两个不同面上，也引起色彩变化。

3-5 可乐瓶高光的色彩冷暖，主要以光源色的冷暖为转移，冷的更冷。

局部分析-4

4-1 用横竖中心线确定白瓷盘的透视关系，然后安排橘子和餐刀的位置。

4-2 盘子里的三个橘子摆放变化有序，餐刀经过调整位置后，合理舒服。

4-3 盘子与橘子、黄衬布冷暖对比强，关系明确。

4-4 橘子、盘子边的投影和暗部色彩有统一性，一般暗部暖一些，投影冷一些。

4-5 盘子边的餐刀属灰性色，偏冷，区别餐刀在盘子里的投影与在黄衬布上投影变化。

局部分析-5

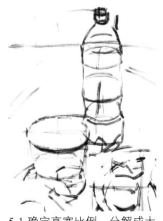

5-1 确定高宽比例，分解成大小方形。从方形取圆，进一步分析圆形透视变化。

5-2 拉开物体几块红色，区别碗面顶面和立面的不同红色。

5-3 凭感受画，不要完全抄袭商标图案和文字。

5-4 也可以采用写意手法处理图案和文字。

5-5 在理解的基础上，要重视对色彩的实际感觉。

Lu Ying/2006.1.1

四、2006 年四川美术学院色彩静物写生(青岛考点)

试题内容

袋装南方芝麻糊,一瓶矿泉水,一个苹果,两个梨,若干小西红柿,一张折叠白纸。

试题解析

这是一幅亮灰色调卷面,局部运用鲜明色。看上去物体少而简单,但芝麻糊袋是考生平时不留心注意,容易被忽略。甚至在中学里教师也很少带学生训练过,尤其是芝麻糊袋上的商标色彩较复杂,可能使考生不是画不出体积,就是画不出质感。另外乐百氏矿泉水瓶和以白纸为衬景都有一定难度。

1

2

3

4.由于芝麻糊袋靠在白纸竖面上,要处理好投影关系。

5.芝麻糊袋商标红色,苹果和小西红柿都属类似色。

6.不能把这三种红色简单看成同类色,误以为只加黑加白就可以了。

写生步骤

1.构图时要将芝麻糊袋与矿泉水瓶上下调整一下,让矿泉水瓶略靠上些,以求得变化。

2.按构图的要求进行。

3.从芝麻糊袋开始依此类推铺色块,画出物体的暗部。

4

5

6

7.矿泉水商标绿色和梨的黄色有明显不同。

8.矿泉水商标绿色冷,梨的黄色暖。

9.折叠白纸有着明度和冷暖上的变化。

7

8

9

10.白纸竖面的明度略低,色彩倾向暖;白纸横面的明度略高,色彩倾向冷。

11.白纸折叠处,也就是横竖面的转折处不要画成笔直的一条线。

12.要注意物体前后、远近的投影变化。

10

11

12

局部分析-1

1-1 构图要聚散有序。

1 2 三个小西红柿作为点缀的物体，基本颜色准确了，不必作具体刻画。

1-3 水果的右侧面均为暗部，铺色块要依顺形体的方向进行。

1-4 按三大面的关系确定水果亮部和灰部。

1-5 适当减弱明度对比，避免过分强烈跳出画面。

局部分析-2

2-1 两个梨有着不同动势，形象特征突出，与苹果、小西红柿和白纸形成鲜明的色彩对比。

2-2 画背景投影同时跟上矿泉水瓶色。

2-3 从远处芝麻糊袋到近处小西红柿，色相对比强烈，色彩丰富概括。

2-4 苹果的顶面为侧受光，属灰部，有平台感；左侧面为直受光，属亮部。

2-5 投影的长短与光照角度和物体的高矮有着直接关系。

2-6 手法轻松、随意，外形不要围得太紧，投影变化自然。

2-7 梨的顶侧面为侧受光，属灰部，有弧形感；左侧面为直受光，属亮部。

局部分析-3

3-1 因芝麻糊袋斜靠在背景纸上，而不是靠在矿泉水瓶上，构图中要注意它的透视现象。

3-2 芝麻糊袋在卷面中明度最低，因此，先从芝麻糊袋画起，其次是矿泉水瓶绿色商标。

3-3 接着跟上投影和背景，芝麻糊袋上的商标图案有的比较亮，有的纯度较高，先空着不画。

3-4 然后画上纯度较高的红色图案，注意比较与苹果的色相关系。

3-5 同时在刻画芝麻糊袋过程中，把图案上的杯子竖面画上。

3-6 进一步深化芝麻糊袋的细节变化，写出大的文字，小文字可以用色点表示。

3-7 使芝麻糊袋既有细节变化，又有整体统一。

3-8 乐百氏矿泉水瓶属中灰色，在远处显得更稳定，与梨相比偏冷。

3-9 卷面中，红色与绿色并置为什么优美好看而不刺激，是运用了色彩调和，使它们增加了统一性和缓冲刺激的过渡色彩。

五、2006 年中国美术学院色彩静物默写(长沙考点)

试题内容

一束鲜花,一个玻璃花瓶,台布,水果若干,一本厚书,一本笔记本以及与其有关的文具。

逆光处理。

试题解析

选定物体:鲜花要选择品种新颖、花店里常见、考生较熟悉的白色百合;台布以白色为好,不带花边以免繁琐;水果不要太杂,数量定为三个苹果就可;一本辞典就是一本厚书;增加一个笔筒,一本硬笔字帖,一瓶矿泉水瓶足以代表有关的文具。从试题要求来考虑,物体应摆放在窗前就符合逆光效果。

卷面色调:从明度来分属亮调子,从纯度来分属鲜艳调子,从冷暖来分属冷调子。

写生步骤
1.进行物体组合,合理布局。

2. 分析花与茎的生长结构,笔记本、字帖和书的透视关系。

3.用单色表示物体摆放在窗前所形成的逆光效果。

4.色调确定后,由深到浅开始铺色块。

5. 从明度关系开始铺,找出较深的几块颜色、较灰的几块颜色和较亮的几块颜色。

6.最后铺上较亮的花。经过分类区别,黑白灰关系也就明确了。

7. 虽然物体摆放在窗前,卷面却没有画窗户,而是把笔色重点放在物体的表达上。

8.花和台布都是较亮颜色,由于花处在逆光,略比台布暖、灰些。

9.笔记本、书、水果等物体两种不同方向的光影形成强烈的对比。

10. 背景选择了窗户以下的墙面衬托,使所要表现的花鲜明突出。

11. 墙面周围的暖气片刻画略有些繁琐,在后面表现作了调整。

12. 由于白色台布紧围着物体的投影,加强了逆光感。

局部分析-1

1-1 铺深色块时，把花留出空来后画。

1-2 画茎叶要注意动势和疏密变化，画花要注意位置和动态，根据花的朝向点出花蕊。

1-3 逆光下的花处在背光部，其色彩倾向要画准、画透明，防止画脏。受光部都反映在花的顶面边缘处，光感要强。

1-4 进一步深入表现茎叶，叶的翻转、起伏变化，花蕾、雌蕊和雄蕊。

1-5 百合花类似于喇叭形，花瓣呈卷曲状，颜色洁白透亮，要抓住这些特征进行刻画。

1-6 墙面背景倾向冷，茎叶则偏暖，花就倾向冷。

局部分析-2

2-1 笔记本、字帖、字典分别选择蓝、黄、绿的类似色对比，使它们相互类似的成分减弱了对比，相互增加了显著特征。

2-2 红色苹果的介入，对比效果强烈，但要处理得当，醒目而不刺激。

2-3 书本上的文字颜色随着受光面和背光面的变化而变化，文字排列要考虑透视关系。

局部分析-3

3-1 尽管每个物体暗部颜色不同，但它们和投影是统一在逆光部。

3-2 对每个物体亮部加白要适当，过量则纯度降低，量少则明度不够。

3-3 明暗部对比要强，减少转折面的过渡层次，加强逆光感。

4-1

4-2

局部分析-4

4-1 铺大色块相当于画一个小色稿,有利于把握色调,渲染色彩气氛。

4-2 光线从哪来先看投影,影子往哪儿倒,光源就从它的顺方向来,这就是我们通常说的"逆光"。

4-3 室内逆光与室外光相近,因为远处背后来光就亮则冷,近处离光远就深则暖,室内测光、顶光、顺光与其相反。

4-4 由此可见,远处的白色台布比近处亮。玻璃瓶和矿泉水瓶在逆光强射下,显得十分透亮。

4-5 玻璃瓶下半部装有水,茎叶在瓶中或隐或现显得十分神秘。要注意花与白色台布颜色拉开。

4-6 矿泉水瓶在固有色基础上找点环境色的变化即可,避免与茎叶、字典颜色混淆。

4-7 字典直受光较亮而模糊,笔记本侧受光较灰,有层次而清晰。

4-8 苹果在逆光的强照下,亮部与暗部的反差较大,过渡层次少,左侧实,右侧虚。

4-9 笔筒的色素含量达到了饱和,再有几支笔的点缀给人以生动而形象感。

4-10 投影和白色台布也是表达逆光效果的关键,影子的边缘要实一些,台布的变化要少一些。

4-11 从背景至桌面到物体色彩空间大,十分开阔。卷面构思新颖,色彩搭配合理,色调控制得当,表达的情感豪放自然。

4-3

4-4

4-5

4-6

4-7

4-8

4-9

4-10

4-11

六、2006 年中国美术学院色彩静物默写(杭州象山考点)

试题解析

试题默写所规定的物体没有限制数量、形状和色相,有一定的灵活性。考生应选择平时常见,又熟悉的类似物体进行布局,但要考虑物体色相与衬布搭配。

试题要求暖色调。衬布占据卷面较大的比例,因此衬布颜色的选择也决定着色调冷暖。光源为左侧顶光。

试题内容

菜板,不锈钢锅,黄酒,青菜,菜刀,猪肉,红椒,一块浅衬布。要求暖色调。

写生步骤

1.菜板前、侧放三个红椒,钢锅前面摆放两个大蒜和一个红椒,衬布选用浅黄灰色。

2.合理布局后,先从黄酒画起,黄酒的色相较为单一,在铺色时颜色调得不要太匀,其次是锅、菜板、五花肉和红椒。

3.画芹菜要从体面入手,先茎后叶,不要局部刻画。

4.铺衬布前,先画出物体在衬布上的投影,再拉开衬布立面与平面的关系。

5.细心观察酒瓶的商标、猪肉、菜板、红椒和芹菜捆扎绳带的红色区别,并认真比较不锈钢锅与菜刀的金属色变化。

6.判断分析衬布、芹菜和葱叶的绿色差异,区分大葱、五花猪肉和大蒜的不同白色。

局部分析-1

1-1 红椒右下侧为暗部，不要画深，投影不要画黑，亮部单纯不要复杂。

1-2 两个红椒左右相反，富有变化。

1-3 红椒和衬布边缘相接时，不要留出空白，一般暗部是投影覆盖衬布，亮部是衬布覆盖红椒。

局部分析-2

2-1 蒜应从暗部画起，但衬布对蒜的暗部影响较小。

2-2 蒜对红椒没有影响，但对金属锅的暗部反光有影响。

2-3 两头蒜形态不一，暗部用笔随着生长结构排列，亮部用色要浓厚。

局部分析-3

3-1 画锅和锅盖以及黄酒瓶时都要注意上下圆形透视。特别是锅把(扶手)要对称着画，把它看成是一个长方形。

3-2 画深颜色的物体投影也要跟上。

3-3 逐步过渡到中间色(灰部)。

3-4 锅体在处理时，注意周围的物体和衬布对它的影响所形成的变化。

3-5 画锅盖要看到边缘颜色与中间颜色变化。

3-6 锅盖是玻璃透明的，要考虑到在顶光的强照下透过玻璃看到内部颜色。

3-7 经过比较黄酒商标红色比红椒暖，红椒比五花猪肉的红色暖。

3-8 锅比黄酒液体明度略高偏冷，比衬布明度低偏冷，比大蒜明度低偏暖。

3-9 在具体观察、分析和应用色彩，需要从色相明度、纯度和冷暖去比较、去搭配来表现明暗体积、色彩空间等。

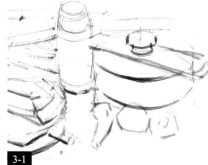

3-1

3-2

3-3

3-4

3-5

3-6

3-7

3-8

3-9

局部分析-4

4-1 黄酒液体颜色较深、较暖，容易画平，颜色不要调匀。

4-2 瓶颈玻璃透明处要与衬布结合起来画。

4-3 商标、衬布、大蒜仅限对锅体暗部会产生色调上的影响。

4-4 芹菜在卷面中也是比较难表现的，应先从芹菜茎的明暗面入手。

4-5 根据芹菜茎和叶的生长结构，再进入叶的表现。

4-6 把捆扎芹菜的绳带也要从明暗面进行。

4-7 两根葱是在卷面中最后画的物体，因为它明度较高，防止与其他物体混淆。

4-8 两根葱放在菜板上前后颠倒，从葱茎到叶曲直不一，富有变化。

4-9 在顶光效果的强化处理下，葱在菜板的投影高低错落，要避免葱叶与芹菜的色相重复。

Lu Ying/2006.4.

七、色彩静物作品范例点评

两个瓷瓶一冷一暖，和衬布形成了冷灰色调。前面散放的水果
有对比色，又有呼应色，尤其是棕色的花瓶和白瓷盘造型严谨，
手法灵活，色彩丰富、厚重。

从明度关系看，画面黑白灰对比十分明确。深黑色衬布与白瓷盘
关系强烈，其他物体向灰色渐变，罐子上深灰两色处理得非常得体，
筐的左右有虚实变化，蔬菜的笔触轻松自如。

面积较大的蓝灰冷色衬布与画面中心的暖色水果有着强烈的
补色关系。同一色相的苹果有着微妙的冷暖变化，各个形体
塑造精巧，结构明确，为考生研讨水果题材的试题提供了较好
的范例。

这幅静物的衬布冷暖色并置，对比最强。深色明净的罐子起到协调和稳定画面的作用，白菜、白衬布、白瓷杯和大蒜这几块白色大小不一，关系也能拉开，香蕉和黄色衬布冷暖有区别。

这是一幅仅在颜色上教师给改过的学生作业，但在构图上还存在
问题，布局略有些拥挤，特别是花瓶与香蕉、白瓷盘和橘子安排在
一条线上。建议学生平时多注意构图能力的训练，尤其是默写，避
免在考试中分数打折。

又是一幅教师已改过的学生作业。这组静物布局合理，疏密有变，聚散有序，高低错落。用笔简练、豪放，蓝色冷调明确和谐，颜色薄厚并用，干湿适宜。

一深一浅的衬布色与物体色搭配合理。蓝色花瓷瓶与背景浅灰色和紫红色衬布与白瓷盘、水果都有较强的色相对比、明度对比。蓝色花瓷瓶表达充分，质感效果逼真动人，梨的色彩处理概括、明亮。

此幅静物是用丙烯材料表现的。如果考生具有较熟练的水粉材料使用技能，建议考生选用丙烯材料更好些。由于丙烯画色泽鲜明，干得较快，便于反复修改，而且干后不易涂抹掉，很适合考试用。

以暖色调为显著特征的画面,紫红色衬布的影响决定了画面
的色调。花瓶与罐子除了冷暖上的差异外,还在明度上与衬
布区别较大。酒瓶简单真实,白瓷杯明度最高、精练,水果形
态不一,色相间有变化。

Lu Ying/2006. 4. 2.

物体虽不多，但画面视觉的冲击力较强，使人感到少一点不算少。深褐色瓷瓶除了本身的色性外，受到蓝色衬布影响较大，拉开了蓝色衬布横竖面的色彩空间。苹果塑造坚实，结构分析到位，是色彩初学者临摹的范例。

Lu Ying/2006.6.21

此幅作品中的物体较少,在这种情况下,衬布的刻画不容忽视,
找出台面与背景之间的色彩与冷暖变化,会更好地丰富画面。
相反,如果在物体比较多的情况下,衬布在形体和色彩上可适
当概括些。总的来说,主体物与衬布在节奏上的配合是非常
重要的。